Klaus Gebler

PHYSIK VON EINEM ANDERN STERN

Außerirdische Botschaft zum irdischen Jahr der Astronomie 2009

bod

Bibliografische Information der Deutschen Bibliothek:
Die Deutsche Bibliothek verzeichnet diese Publikation in der Deutschen Nationalbibliothek, detaillierte bibliografische Daten sind im Internet über
http://dnb.ddb.de *abrufbar.*

siehe auch:
Klaus Gebler
Als der Urknall Mode war
Erinnerungen an ein kurioses Weltmodell
bod 2006

© 2009 Klaus Gebler
Herstellung und Verlag: Books on Demand GmbH, Norderstedt
Umschlaggestaltung, Layout: Klaus Gebler

ISBN 9 783 837 098 211

Wo kämen wir hin,
wenn alle sagten,
wo kämen wir hin,
und keiner ginge,
um zu sehen,
wohin wir kämen,
wenn wir gingen?

Kurt Marti

Mit Respekt und Interesse verfolgen wir seit langem die irdischen Bemühungen, die Erforschung des Universums aus der Hand von Schamanen, Sterndeutern und Poeten mehr und mehr in die Hände von Gelehrten zu legen.
Die Ausrufung eines Jahres der Astronomie scheint uns ein Signal dafür zu sein, wie ernst es Eurer noch so jungen Zivilisation mit dem Vorsatz sein muss, sicheres Wissen über unsere gemeinsame kosmische Heimat zu erlangen und jedermann daran teilhaben zu lassen. Alle uns bekannten Zivilisationen des Universums richten in dieser Zeit die Aufmerksamkeit auf eure Bemühungen, tiefer in kosmische Strukturen und Zusammenhänge einzudringen.
Insbesondere eure merkwürdigen Methoden, die zu einer spektakulären Urknall-Weltsicht hinführen, stehen im Zentrum des kosmischen Interesses.
Nehmt es als Zeichen von Respekt, wenn wir ganz offen - also kritisch - über unsere Beobachtungen der irdischen Erkenntnismethoden reden - so, als wären wir im Besitz der Wahrheit.

Uns fasziniert einerseits eure enorme technische Intelligenz, mit der ihr in kürzester Zeit die raffiniertesten Teleskope, Raketen und Raumstationen geschaffen habt, aber wir übersehen auch nicht, mit welch archaischen geistigen Werkzeugen ihr zuweilen die hochwertigen Beobachtungsdaten in ein ergreifend schlichtes Weltbild-Dogma einzuordnen versucht.

Wir registrieren mit Respekt den hohen Mathematisierungsgrad der Naturwissenschaften Physik, Kosmologie und Astronomie, aber wir übersehen auch nicht die Sorglosigkeit, mit der mathematisch mögliche Phänomene sogleich als physikalisch reale ausgerufen werden und die spektakulärsten Schlüsse daraus als „allgemein anerkannte Wahrheit" gelten.

Zugegeben, von einem andern Stern lässt sich eure irdische Wissenschaftskultur nicht in allen Details nachvollziehen (besonders dort, wo sich strenge Begrifflichkeit mit blumiger Poesie mischen), doch eure phantastische Urknallkosmologie als „moderne, physikalische Version der Schöpfungsgeschichte" (DPG) scheint uns Indiz dafür zu sein, dass die naturwissenschaftliche Weltsicht

sich noch immer nicht von phantasiereicher mythischer Weltsicht emanzipiert hat. Hier wird offenbar ein uralter Mythos vom Anfang der Welt lediglich mit wissenschaftlichen Begriffen neu erzählt und mit hochkomplizierter Mathematik der Nachprüfbarkeit durch ein breites Publikum entzogen.
Die monoton wiederholten Beschwörungsrituale eurer Kosmologie-Priester müssen aber noch derart den Zeitgeist treffen, dass selbst ein hochgebildetes Publikum den Mythos für Wissenschaft hält, wenn er nur in Wissenschaftssprache erzählt wird.

Es spricht für die hohe Intelligenz eurer Zivilisation, dass tiefe Erkenntnisse über Natur und Kosmos längst von einzelnen gewonnen wurden und dem allgemeinen Gebrauch zur Verfügung stehen, allerdings werden (wie in jeder Zivilisation) nur jene Erkenntnisse propagiert und genutzt, die dem Selbstverständnis der jeweiligen Gesellschaft förderlich erscheinen. Somit ist von einem Jahr der Astronomie eben auch keinerlei Abweichung in der Weltsicht zu erwarten – im Gegenteil, es dient ja gerade zur Propagierung und Befestigung der „physikalischen Version der Schöpfungsgeschichte", so wie wir das bereits im Jahr der Physik 2000 in Deutschland und im Weltjahr der Physik 2005 eindrucksvoll beobachten konnten.

Töricht wäre es euch zu drängen, die Erkenntnisse von einem andern Stern unkritisch zu übernehmen und als kosmische Weisheit ungeprüft zu akzeptieren. Aber wir halten es für legitim, euch an solche Erkenntnisse zu erinnern, die auch in eurer Zivilisation längst existieren, aber aus verschiedenen Gründen weitgehend ignoriert werden. (Man stelle sich vor, eine Kommission zur Kontrolle von Papierkorbinhalten würde diese bequeme Ablagemöglichkeit für unbequeme Wortmeldungen tatsächlich einmal in näheren Augenschein nehmen...)

Jedes Leben, das einen bestimmten Grad an Intelligenz erreicht hat, um sich eine Vorstellung von der umgebenden Welt zu machen, vergleicht zunächst Vertrautes mit Unvertrautem auf der Basis von Bildern.
Die Ursache für den furchteinflößenden Donner sieht man dann auch im vertrauten Geräusch des Einschlages eines kraftvoll weggeschleuderten Gegenstandes durch ein Über-Wesen (z.B. Donnergott Donar).

Eine solch poetische Weltsicht vermag für jegliche Phänomene eine plausible Erklärung zu geben, jedenfalls solange, wie ein Konsens aufrecht erhalten werden kann, derartige einmal gegebenen „Erklärungen" als offenbartes Wissen nicht zu hinterfragen. Die systematische Untersuchung der Naturphänomene bringt dann allerdings sehr bald ganz andere, rational begründete Erklärungen hervor, die sich als absolut unvereinbar mit der poetischen Weltsicht erweisen: Der Konflikt zwischen Poesie und Rationalität ist in die Welt gesetzt.

Wer die Lösung dieses Konfliktes im Sieg der einen oder anderen Konfliktpartei sehen möchte, verkennt, dass jede Alleinherrschaft (d.h. jede Macht aller Mächte) zu Monokultur, Degeneration und Fundamentalismus führt. Siegte die Poesie, so führen die Naturwissenschaften bald ein Schattendasein, und alle Beobachtungstatsachen, die dem poetischen Weltbild widersprechen, erlitten den langsamen Tod des Totschweigens. Siegte die Rationalität, so werden zwar einige ausgewählte Phänomene brillante Erklärungen und Anwendungen finden, aber die unendliche Welt der hochkomplexen, unerklärten

Phänomene, die bislang wenigstens eine vorläufige Erklärung in poetischen Bildern fanden, würde hinter den dicken Mauern der Ignoranz verschwinden.

Die Lösung sehen wir in der Existenz eigenständiger, einander tolerierender Strukturen, die im Diskurs miteinander stehen und gegenseitig als Korrektiv wirken können.

Die irdischen Mathematiker sind nach zähem Ringen im sogenannten Grundlagenstreit der Mathematik zu einer fundamentalen Einsicht gelangt: „Ein Element, dessen Definition die Gesamtheit einer Menge einschließt, kann selbst nicht zu dieser Menge gehören." (Circulus vitiosus)

So führt die Bildung einer „Menge aller Mengen" notwendig zu Paradoxien, ebenso, wie eine „Macht aller Mächte" (Allmacht) oder ein „Universum aller Universen" (Multiversum) zu unauflösbaren Widersprüchen führen muss.

Die „Menge aller Mengen" verwirrt deshalb, weil ein und dasselbe Wort für zwei völlig verschiedene Begriffe verwendet wurde: Einmal wird die Zusammenfassung von Elementen als Menge bezeichnet, gleichzeitig aber soll eine derartige Zusammenfassung auch Element sein.

Die Zusammenfassung aller Mengen ist eine Über-Menge, die sich begrifflich von allen anderen Mengen unterscheidet und besondere Eigenschaften aufweist, die allen anderen Mengen nicht zukommen.

Nehmen wir diese fundamentale Einsicht der Mathematiker wirklich ernst, so verbieten sich all jene Aussagen über das Universum, die Gesetze eines Mikrokosmos auf das ganze Universum anwenden.

Doch genau das hat Stephen Hawkins (zusammen mit fast allen irdischen Kosmologen) gemacht, als man beweisen wollte, dass der Urknall tatsächlich stattgefunden hat und sich mit den Gesetzen der Mikrophysik beschreiben lässt. Hawkins argumentiert, dass ja das Weltall bei seiner Geburt ein Mikroobjekt gewesen ist, so dass wir die Gesetze der Mikrophysik bedenkenlos anwenden können.

Ein Universum ist seiner Definition nach immer die Zusammenfassung aller Objekte und damit ein „Über-Objekt", das selbst nicht all den anderen Objekten gleichgestellt werden kann, weil es qualitativ über das Mikroobjekt hinausgehende, neue Eigenschaften aufweisen muss. Damit wird Hawkins' „Beweis" wertlos – so, wie die Naturwissenschaften übrigens nur bestätigende oder nichtbestätigende Beobachtungstatsachen zur Stützung oder Verwerfung einer Theorie akzeptieren, nicht aber mathematische Beweise.

Die Geschichte der irdischen Kultur ist eine Geschichte der unbewussten und bewussten Begriffsverwirrungen. Solange die Hintergründe für Paradoxien nicht geklärt sind und Verwirrungen durch diffuse Begrifflichkeit entstehen, nimmt man zu vorläufigen Erklärungen Zuflucht, die oftmals von außerordentlich poetischer Schönheit sein können, aber eben nichts mit rational begründbarer Wahrheit zu tun haben.
Sobald aber die Ursachen der Paradoxien aufgeklärt sind und klare Begriffe eine stimmige Erklärung erlauben, so mag zwar die poetische Weltsicht noch lange weiter die Kultur mitbestimmen, aber dem Wissenschaftler sind derartige Sentimentalitäten nicht gestattet.
Er hat die neu gewonnenen fundamentalen Einsichten zu respektieren und zu popularisieren – selbst gegen den verständlichen Widerstand der Poeten.

Eure irdische Zivilisation scheint gerade eine solch erbitterte Auseinandersetzung zwischen Poesie (als zeitloser, bewährter und intuitiver Weltsicht) und Rationalität (als neuer, effizienter und „beweisbarer" Weltsicht) zu führen. Von einem andern Stern beobachten wir zwei mit unterschiedlicher Geschwindigkeit parallel verlaufende Entwicklungen:
Während im Jahr der Astronomie 2009 noch eindeutig die poetischen Bilder von einer Entstehung des Kosmos in einem Schöpfungsakt (Urknall) dominieren, haben sich im Darwinjahr 2009 die Auffassungen von der Entstehung und Entwicklung des Lebens in Form der Darwinschen Evolutionslehre von jeder Poesie emanzipiert.
Nur 150 Jahre nach Veröffentlichung dieser glasklaren Argumente zur rationalen Erklärung wesentlicher Lebens-Fragen haben selbst die Poeten diese Sichtweise akzeptiert und ihr poetisches Weltbild auf die Evolutionstheorie abgestimmt.
Ganz anders die Astronomen, Kosmologen und Physiker. 400 Jahre nach der Erfindung des Fernrohrs und dessen Nutzung als Hilfsmittel zur Erforschung des Universums haben sich zwar ungeheure Datenmengen angesammelt, aber deren Interpretation ist

noch immer von Jahrtausende alter poetischer Tradition geprägt.

- *Am Anfang schuf Gott Himmel und Erden. Und Gott sprach: Es werde Licht, und es ward Licht...* (1. Buch Mose, nach einem mehr als 3000 Jahre alten babylonischen Schöpfungsmythos)
- *Gott schuf einen Lichtpunkt, der sich in alle Richtungen ausbreitete und alle gleichzeitig geschaffene Materie mit sich fortriss.* (Robert Grosseteste, Theologe, Kanzler der Universität Oxford, um 1200)
- *Die Entwicklung der Welt könnte man mit dem Ende eines Feuerwerks [Urknall] vergleichen. Wir stehen auf einer gut gekühlten Schlacke und sehen das langsame Schwinden der Sonnen.* (Jesuitenpater Georges Lemaître, Begründer der Urknalltheorie, Präsident der Päpstlichen Akademie der Wissenschaften, um 1930)
- *Die Urknall-Kosmologie ist gewissermaßen die moderne, physikalische Version der Schöpfungsgeschichte.* (Deutsche Physikalische Gesellschaft, Denkschrift zum Jahr der Physik 2000, überreicht an alle Gymnasien in Deutschland)

Von einem andern Stern ist nicht zu übersehen, mit welch liebevoller Umarmung die irdischen Poeten ihre gelehrten Konkurrenten an sich ziehen und ihnen im Überschwang ihres tradierten Sendungsbewusstseins zuweilen auch mal nachhaltig die Luft zum Atmen nehmen. Wenn ein renommierter Astronom wie Halton Arp immer mehr Beobachtungstatsachen findet, die beim besten Willen nicht mehr ins Urknall-Weltbild einzupressen sind, so gibt es zwei Möglichkeiten: Man eröffnet die wissenschaftliche Diskussion darüber oder – man entzieht dem Abweichler die Liebe, das heißt die Beobachtungszeiten an den Großteleskopen und die Veröffentlichungsmöglichkeiten in den Fachzeitschriften.

Solange letzteres (wie im Falle Arp) irdische Praxis bleibt, solange also Kosmosforschung nach Vorgabe poetischer Akademien erfolgt, kann die etablierte irdische Kosmologie auch nicht wirklich ernst genommen werden.

Wir sehen aber auch das große Potential und die vielen relevanten Detailergebnisse, so dass es nur eine Frage der Zeit zu sein scheint, bis wieder Vernunft und Aufklärung (statt Verklärung) die irdische Kosmologie bestimmen.

Die moderne Kosmologie wurde 1930 entwickelt und im Wesentlichen eingefroren. (W.G. Tifft, Astronom)

Poesie ist zeitlos, und die poetischen Werke längst vergangener Epochen - ausgegraben aus dem Wüstensand oder aufgespürt im ewigen Eis – wirken noch immer frisch und appetitlich: Das Konservieren rührt nicht an deren Substanz.
Naturwissenschaft ist ihrem Wesen nach temporär, unfertig, vorläufig. Noch jeder Prophet, der die Natur mit einer einzigen Weltformel abschließend erklären wollte, sah sich bald statt höchstem Ruhm eher einem freundlichen Mitleid ausgesetzt. Die Suche nach einer Theorie aller Theorien (Theorie für Alles, Weltformel usw.) entspringt poetischen Allmachtsphantasien und muss zu Paradoxien führen, wie das die Mathematiker bei der Bildung einer Menge aller Mengen schmerzlich erfahren mussten. Eine solche Erfahrung steht für die irdischen Kosmologen und Physiker noch aus.
Das Konservieren einer naturwissenschaftlichen Theorie für die Ewigkeit mag mittels ausgereifter Propagandatechniken zwar eine

gewisse Zeit machbar und auch sinnvoll sein, aber da der Gang der Erkenntnis unaufhaltsam fortschreitet (unabhängig von Beförderung oder Behinderung), erstarrt die einst frische Erkenntnis mehr und mehr zu einer noch rosig aussehenden Tiefkühlware, deren Verfallsdatum allerdings längst überschritten ist.

Und plötzlich hat die seriöse, auf geistige Hygiene bedachte Naturwissenschaft so etwas wie eine Leiche im Keller, deren zunehmender Geruch zum Handeln zwingt. Reflexartig wird zunächst verstärkt balsamiert, gekühlt und alle verfügbaren Konservierungstechniken werden professionell eingesetzt. Das grundlegende Problem muss dabei ungelöst bleiben, weil nicht einmal erkannt ist, worum es hier geht – um ein lebloses Leben – also um ein Paradox.
Und so sehen wir folgerichtig im irdischen Jahr der Astronomie allenthalben viel Weihrauch produzierende „Experten" statt frei diskutierende Wissenschaftler.
Noch scheint das irdische Publikum kaum Verdacht zu schöpfen. Dabei müsste man nur einmal beherzt in den Keller steigen und nachsehen, welcher Geruch sich da unter die Myrrhe mischt.

Warum der Gang in das unterirdische Gewölbe oberirdisch strengstens tabuisiert wird, ist vermutlich überirdisch motiviert. Von unserem außerirdischen Standpunkt sehen wir die Voraussetzungen für die Urknall-Peinlichkeit außerhalb von Astronomie und Kosmologie, sie scheinen vielmehr in der zielgerichteten, stillen Umwandlung des Wesens der irdischen Physik von einer strengen Naturwissenschaft zu einer poetischen Schwärmerei zu liegen.

Denn erst nach einer gründlichen Vergeistigung des Physischen durch Mathematisierung waren die Bedingungen gegeben, beliebige Behauptungen mittels logischer Beweise zur Anerkennung zu bringen:

Wenn sich heute alle Galaxien voneinander entfernen, müssen sie früher näher beisammen gewesen sein. Auf sehr engem Raum: Kurze Zeit nach dem Urknall – unendlich viele Male kürzer als die Dauer eines Augenzwinkerns – war das Universum so klein, dass 100 Milliarden davon in den Kern eines Wasserstoffatoms gepasst hätten...

(Gerhard Börner, Astrophysiker)

Physiker dieser Erde, schaut auf diesen Satz und fragt euch, ob ihr euch mit derlei Botschaft samt Begründung noch länger blamieren wollt.

Wenn eine Schnecke aus südlicher Richtung den Gartenweg entlang gekrochen kommt, muss sie doch irgendwann mal am Südpol gewesen sein...
Wenn viele Menschen bei einem Sternmarsch einem mathematischen Zentrum zustreben, so müssen sie sich irgendwann immer dichter zusammendrängen und schließlich in einem Ur-Menschen vereinigen...

Dass eine derart naive Logik in einer Hochkultur wie der irdischen zur Erklärung grundlegender kosmischer Fragen auch nur in Erwägung gezogen wurde und sogar als Standardmodell Eingang in die Lehrbücher fand, zählt für uns zu den ungelösten Rätseln bei der Erforschung eurer Zivilisation. Einen Erklärungsansatz sehen wir darin, dass sich jede nach Allmacht strebende Ideologie aller bereits vorhandenen Mächte versichern möchte – auch und insbesondere der geistigen -, da überzeugende Rhetorik (also Rede- bzw. Überredungskunst) das Geschäft erleichtern.
Wir haben so manches Indiz dafür gefunden, dass die Autorität des mathematischen Beweises so manche nach Autorität strebende

Ideologie derart fasziniert hat, dass sie in der Mathematisierung bzw. strengen Axiomatisierung den Königsweg zur Erreichung gesicherten Wissens und damit allgemeiner Macht sah.

Doch eine Macht, die als Über-Macht alle anderen Mächte (auch die Naturwissenschaft) entmachtet und ihren Zwecken unterordnet, erreicht auf Dauer gerade die gegenteilige von der erwünschten Wirkung:

Da die Naturwissenschaft jetzt nur noch ein vorgegebenes Weltbild zu kolorieren hat, verliert sie ihre Anziehungskraft und kann gerade nicht mehr die ihr zugedachte Funktion als „unabhängige Autorität" erfüllen. Man wendet sich gelangweilt ab.

Die blendenden Erfolge einer solch radikalen Poetisierung der Naturwissenschaften zugunsten beliebig manipulierbarer Inhalte ließen jeder konstruktiven Kritik nicht die Spur einer Chance: Was kümmert's den Mond, wenn ihn die Hunde anbellen? Eine behaglich in einer Tradition eingerichtete Gesellschaft, die sich den Luxus eines teuren Wissenschaftsbetriebes leistet, wird darauf achten, dass die Behaglichkeit erhalten und befördert wird, so dass die bellenden Hunde auf Distanz gehalten werden bis sie irgendwann verstummen oder mit gebrochener Stimme in den schaurig-schönen Gesang der Epigonen einstimmen.

Nur so können wir uns erklären, warum die irdische Gesellschaft zum Beispiel die Relativitätstheorie hervorbrachte und bis heute mit großem Stolz als geistige Revolution feiert, während sich auf anderen Sternen bereits die Schulkinder mit dieser Theorie auseinandersetzen, um zu lernen, wie man mit geschickt gewählten Prämissen und logischer Raffinesse auch die unsinnigste Idee für wahre Realität erklären kann.

Die beschränkte bzw. spezielle Relativitätstheorie will uns überreden, die Anerkennung einer universellen Gleichzeitigkeit zweier Ereignisse zugunsten einer relativen Gleichzeitigkeit aufzugeben, um daran dann die tiefgreifendsten Umwälzungen der Grundlagen der Physik zu knüpfen.
Zu diesem Zweck führt sie einen vor den Ereignissen flüchtenden Physiker ein. Infolge seiner Realitätsflucht registriert er das Ereignis dann auch zu einem etwas anderen Zeitpunkt als sein ruhender Kollege. Die messerscharfe Folgerung: Da der

flüchtende Physiker das Ereignis nicht gleichzeitig wie sein ruhender Kollege registriert, muss auf der Flucht eine andere Zeit gelten als beim Sitzen im bequemen Laborstuhl.

Jeder Erdenbürger kann im Internet z.B. bei Wikipedia nachlesen, wie inkonsequente Handhabung von Beweismitteln scheinbar zwingend zur gewünschten Relativität der Gleichzeitigkeit führt.

1. Die Relativität der Gleichzeitigkeit ist eine aus der speziellen Relativitätstheorie folgende Aussage, dass es keine universelle Gleichzeitigkeit gibt, sondern dass die Feststellung, welche Ereignisse gleichzeitig sind, davon abhängt, in welchem Bezugssystem der Beobachter seine Berechnungen durchführt.
Hierbei ist zu beachten, dass sich die Gleichzeitigkeit nicht auf die Wahrnehmung der Ereignisse bezieht (also beispielsweise, wenn man räumlich näher an Ereignis 1 als an Ereignis 2 steht, dann braucht das Licht von Ereignis 1 weniger Zeit, und man sieht es daher eher), sondern um den Zeitpunkt, der sich aus der Korrektur der Wahrnehmungszeitpunkte um die (Licht-)Signalzeit ergibt.

2. Ereignisse, die für einen Beobachter gleichzeitig stattfinden, werden von einem anderen, relativ zum ersten bewegten Beobachter nicht gleichzeitig stattfinden. Und zwar wird für ihn dasjenige Ereignis, auf das er sich (aus Sicht des ersten Beobachters) hinbewegt, früher gesehen als dasjenige, von dem er sich (aus Sicht des ersten Beobachters) wegbewegt.

Worin liegt die Inkonsequenz? Sie liegt doch so klar auf der Hand, und jeder kann sie selbst entdecken:
Für den ruhenden Beobachter werden alle möglichen Vorkehrungen getroffen, damit er auch tatsächlich zwei gleichzeitige Ereignisse als solche erkennt. Entweder wird er in der geometrischen Mitte zwischen den Ereignissen postiert oder er muss die Wahrnehmungszeitpunkte um die Lichtlaufzeiten korrigieren. Für den flüchtenden Physiker werden diese Vorkehrungen nicht getroffen, das heißt er muss seine Wahrnehmungszeitpunkte nicht um die Lichtlaufzeiten korrigieren, und so wird er natürlich an allen Punkten außerhalb der geometrischen Mitte zwischen den beiden Ereignissen Ungleichzeitigkeit wahrnehmen, wo in der Realität Gleichzeitigkeit vorliegt. Auch für

den bewegten Beobachter wäre Gleichzeitigkeit leicht feststellbar, wenn er nur die Korrektur um die Signallaufzeiten vornehmen würde und die Frequenzverschiebung berücksichtigt.

Die Ungleichbehandlung von ruhendem und flüchtenden Physiker war anfangs sicher übersehen und somit die Irrelevanz der darauf aufbauenden Theorie nicht sogleich bemerkt worden. Das mag mit einer prinzipiellen methodischen Unentschiedenheit zusammenhängen, die zwischen Empirismus („nur die Wahrnehmung ist sicher") und Mathematismus („nur konsequente Logik liefert sichere Erkenntnis") hin- und herschwankt und damit notwendig zu Inkonsequenzen führen muss:
Während der flüchtende Physiker allein seiner Wahrnehmung trauen darf, muss der ruhende Beobachter seine Wahrnehmung scharf analysieren und gegebenenfalls korrigieren.
Mit solch oszillierender Erkenntnismethode lassen sich zwar faszinierende Effekte erzielen, die das Interesse eines schläfrigen Publikums wecken können, nur bezieht sich eben dieses Interesse weniger auf einen wissenschaftlichen Inhalt als vielmehr auf

die Magie einer vollkommenen Illusion. Die Sympathie gehört allemal dem Magier.

Auch eure sogenannte Allgemeine Relativitätstheorie erhebt den Anspruch auf Erklärung fundamentaler kosmischer Phänomene und ist ihrerseits wieder zur Basis der Urknallphantasie geworden. Es ist hier nicht der Ort, die Merkwürdigkeiten dieser für eure Hochkultur offenbar so wichtigen Fundamentaltheorie im Detail zu benennen, aber anlässlich eines Jahres der Astronomie wäre es sicher nachdenkenswert, ob man die folgenden Fragen auf eurem Planeten wenigstens zulassen könnte, um sie später – vielleicht in den nächsten hundert oder tausend Jahren – auch behutsam zu diskutieren, natürlich nur, wenn damit nicht andere, wichtigere gesellschaftliche Interessen berührt werden.

Der irdische Philosoph Sokrates, zum Tode verurteilt wegen Verführung der Jugend zum eigenen Denken, lehnte ein Gnadengesuch ab, weil er von seiner objektiven Schuld gegenüber den Gesetzen der aktuellen griechischen Gesellschaft überzeugt war.

Die Provinz gestattet selbst dem Genie nur provinzerhaltende, niemals aber provinzgefährdende Ideen, und so ist der Zivilisationsprozess notwendig ein ewiger Kampf zwischen Anpassung und Aufruhr.

Es sei ausdrücklich vermerkt, dass den Bestrebungen zum Erhalt provinzieller Interessen einer Gesellschaft derselbe Respekt zu zollen ist wie all jenen intellektuellen Anstrengungen, die auf die Überwindung des Provinziellen abzielen.

Eure Klassische Physik ist im Grunde eine Art mühsam aufgebaute Provinz mit funktionierenden Strukturen, die sicher immer wieder kritisch zu hinterfragen und gegebenenfalls auch zu „revolutionieren" ist, nicht aber ohne Not zerstört werden darf.

Die Relativierung von Zeit und Raum stellt aber eine solche gründliche Zerstörung dar, und es stimmt uns äußerst bedenklich, auf welche Weise diese Zerstörung durch eine Gruppe enger Vertrauter medienwirksam initiiert werden konnte, ohne dass eine wissenschaftlich begründbare Notwendigkeit dafür bestanden bzw. ohne dass eine intensive Diskussion zu diesem so fundamental bedeutsamen Thema stattfand.

Im antiken Griechenland hätten die Initiatoren allesamt den Schierlingsbecher leeren müssen.

Die besondere irdische Situation besteht ja darin, dass Urknall-, Relativitäts- und neuerdings Multiversumstheorie als ausgesprochen revolutionäre Umwälzungen eines provinziellen Denkens (klassische Physik) überschwänglich gefeiert werden, so dass sich jeder Schüler, jeder Lehrer, jeder Journalist, jeder Professor nach Kräften bemüht, diese atemberaubenden Umstürze nachzuvollziehen bzw. im Rahmen seiner Möglichkeiten mitzugestalten.

Diese scheinbare Überwindung des Provinziellen betrifft aber lediglich bewährte Regeln naturwissenschaftlicher Forschung und hat bei genauerem Hinsehen eine provinzerhaltende Funktion für die konservative Gesellschaft. Erst mit der tiefen Verankerung dieser „modernen" Theorien im Massenbewusstsein lassen sich längst überwunden geglaubte Positionen wieder neu beleben – jetzt sogar mit dem Zertifikat „Wissenschaftlich bewiesen":

Die Aussage des griechischen Philosophen Demokrit, „Nichts kann aus Nichts erzeugt werden" muss dann wohl ersetzt werden durch: **„Alles kann aus Nichts erzeugt werden."** *(H. Fritzsch in:* Urban, Physik im Wandel, Rotbuch, überreicht zum Jahr der Physik 2000 an alle Gymnasien)

Von einem anderen Stern können wir einen Rückfall in Positionen, die schon in der griechischen Antike als veraltet galten, nur als poetisch motiviertes Denken interpretieren – selbst wenn es mit hochmodernen mathematischen Mitteln ausgedrückt wird.
Wenn revolutionäre Umwälzungen ausgerechnet von den konservativsten Kräften einer Gesellschaft euphorisch begrüßt und engagiert vorangetrieben werden, so sollte es doch auch schlichten Gemütern auffallen, dass Umstürzler bislang immer auf dem Scheiterhaufen, am Galgen oder doch wenigstens am Pranger landeten und nicht auf dem Posten eines königlichen Astronomen.
Bleibt die Frage, welchen Methoden es zu verdanken ist, dass ein hochgebildetes Publikum wieder bereit ist, an den Klapperstorch zu glauben bzw. an die These:
„Alles kann aus Nichts entstehen."

Wer eine Theorie verstehen und sich von ihren Aussagen überzeugen lassen will, schaut zunächst auf die für wahr angenommenen Voraussetzungen, die ja keiner weiteren Untersuchung unterliegen. Die Allgemeine Relativitätstheorie setzt voraus, dass es bei der Untersuchung der Gravitationswirkungen zwischen Massen uneingeschränkt erlaubt sei, das Punktmassenmodell selbst für riesig ausgedehnte Himmelsobjekte wie Galaxien anzuwenden. Das irdische Vertrauen in die Richtigkeit einer solch weitreichenden Annahme ist so groß, dass man selbst bei erheblichen Abweichungen zwischen berechneter und beobachteter Gravitationswirkung sofort bereit ist, noch unbekannte, „Dunkle Materie" zu postulieren und ernsthaft danach mit gewaltigem technischen Aufwand zu suchen, als die Frage zuzulassen, ob denn hier möglicherweise das Punktmassenmodell versagt hat.

Liegen zum Beispiel drei gleich große Punktmassen a, b und c auf einer Geraden, so lässt sich die Gravitationskraft der beiden Massen b und c auf a in zweierlei Weise berechnen:

    1.) Man fasst b und c als eine Punktmasse b+c im Schwerpunkt der beiden Massen auf und berechnet dann die Kraft auf a mit Hilfe des newtonschen Gesetzes.

    2.) Die Kraftwirkung von b auf a und von c auf a werden getrennt berechnet und dann summiert.

Beide Rechnungen sollten nach irdischen Vorstellungen das gleiche Ergebnis liefern, aber bei Rechnung 2.) erhält man unter bestimmten Umständen ein etwas größeres Ergebnis.
Warum?
Sind die Massen b und c hinreichend weit von a entfernt, sind die Ergebnisse beider Rechnungen identisch.
Lassen wir jetzt b und c vom gemeinsamen Schwerpunkt entlang der Geraden voneinander entfernen, so hat das auf Rechnung 1.) keinerlei Einfluss, da sich weder die Gesamtmasse b+c noch die Entfernung von a zum Schwerpunkt der beiden Massen b und c ändern. Doch das Ergebnis von Rechnung 2.) wird immer größer, je weiter sich b und c voneinander entfernen bzw. je näher b an a rückt und c sich von a entfernt:
Die Änderung der Entfernung geht reziprok quadratisch in die Rechnung ein und kann nicht mehr vernachlässigt werden, wenn die Masse b immer dichter an a heranrückt. Selbst wenn dabei die Masse c so weit wegrückt, dass deren Kraftwirkung auf a praktisch unberücksichtigt bleiben kann, wächst die Kraftwirkung zwischen a und b weiter.

Nach irdischer Konvention gibt es faktisch keine Einschränkungen für die Anwendbarkeit des Punktmassenmodells, so dass für die Gravitationswirkung des Systems aus b und c auf eine entfernte Masse a immer nur dieselbe Gesamtmasse b+c und immer derselbe Abstand von a nach dem Schwerpunkt S immer dieselben Ergebnisse liefern sollten – gänzlich unabhängig davon, wie weit b und c voneinander entfernt sind bzw. wie dicht b bereits an a herangerückt ist.

Dabei ist leicht nachzurechnen, dass die Annäherung von b (als Teil des Systems b+c) an a zu immer größeren Gravitationskräften führt, und auch die Messungen realer Gravitationskräfte zeigen, dass Planeten (Merkur) in der Nähe ausgedehnter Zentralmassen (Sonne) größere als mit dem Punktmassenmodell berechnete Kräfte erfährt (Periheldrehung).
Bei konsequenter Beibehaltung des Punktmassenmodells (die riesige ausgedehnte Sonnenmasse wird als Punktmasse behandelt) sind nun Korrekturen erforderlich, die durch die Allgemeine Relativitätstheorie dann auch zu plausibel scheinenden „Erklärungen" führen.

Von einem anderen Stern scheinen solch theoretischen Konstrukte wie „Raumkrümmung" zur Erklärung einer Kraftwirkung nicht besser und nicht schlechter zu sein wie die Annahme der Existenz eines „grünen Steinfressers", der unter der Erdoberfläche hockt und alle Steine und sonstiges Material nach unten zieht: Die „Erklärung" ist in sich stimmig, aber ihr haftet der Geruch der Beliebigkeit an. Mit der physikalischen Realität hat sie aus unserer Sicht nicht viel gemein.

Der (bis heute umstrittene) experimentelle Nachweis einer über das klassisch berechnete Maß hinausgehenden Lichtablenkung an großen Massen lieferte den Durchbruch für die allgemeine Anerkennung der Allgemeinen Relativitätstheorie:
Nah am Sonnenrand vorbeistreichendes Sternenlicht wird etwa doppelt so stark abgelenkt als es eigentlich zu erwarten wäre.
Nehmen wir das Experiment als gesichert an, so beginnt die mühsame Suche nach einer Erklärung durch den Physiker. Der moderne irdische Physiker kürzt diese Suche rigoros ab und erfindet ein theoretisch handhabbares Konstrukt, in dessen Rahmen sich

das Phänomen beschreiben lässt: Die Übertragung der mathematischen Idee vom gekrümmten Raum auf physisch reale Phänomene soll dann auch ein für allemal das Gravitationsproblem lösen.
Und wieder sorgt hier eine oszillierende Erkenntnismethode für Faszination und Aufmerksamkeit, nicht aber für echten Erkenntnisgewinn.

Denn der scheinbare „Erfolg" solcher Methodik ist erkauft mit dem Aufgeben der eigenständigen Naturwissenschaft Physik und ihrer speziellen Erkenntnismethoden zugunsten einer Zwitterwissenschaft Mathemathik-Physik, in der die Physik letztlich zum Juniorpartner der Mathematik – also einer reinen Geisteswissenschaft – degradiert ist und das Primat rein geistiger Konstruktionen akzeptiert.
Physik bedarf zur scharfen Formulierung der Naturgesetze einer Hilfswissenschaft namens Mathematik. Mathematik bedarf als Inspiration zur Formulierung logischer Strukturen zuweilen bestimmter physikalischer Phänomene. Für die eigenständige Naturwissenschaft Physik dient Mathematik als Hilfswissenschaft, während die Mathematik u.a. die Physik als Hilfswissenschaft benutzt.

Eine oszillierende Erkenntnismethode aber, die zwischen zwei fundamental verschiedenen Wissenschaften derart verwirrend hin- und herpendelt, dass jeweils der Erklärungsnotstand der einen Wissenschaft durch wesensfremde „Erklärungen" der anderen nicht mehr unterscheiden lässt, in welchem Film man sich gerade befindet, mag zu aller möglichen Faszination führen, nur eben nicht zu sicherer Erkenntnis.

Sätze wie „Das Problem der Gravitation war so auf ein mathematisches Problem reduziert" (Einstein) belegen, wie konsequent man eine solche Reduktion anstrebte – ganz sicher in der Hoffnung, physikalisch-vorläufige Naturerkenntnis damit in den Rang ewiger Wahrheit zu erheben.

Von einem andern Stern aus entsteht der Eindruck, als schämten sich die irdischen Physiker ein wenig, niemals zu endgültigen Erkenntnissen gekommen zu sein – immerhin genügt ja eine einzige neue Beobachtungstatsache, um eine Theorie zu widerlegen – und so wollten sie ein für allemal diesen prinzipiellen Makel abstreifen. Dabei vertrauten sie blindlings der Illusion, mathematische Strukturen seien die tiefsten und letzten Aussagen, die man über die

Natur machen kann. Sie ignorierten aber die noch tiefer liegende Erkenntnis, dass es solche abschließenden Aussagen grundsätzlich auch in der Mathematik nicht geben kann, weil Widersprüche in einem abgeschlossenen System nur dadurch zu lösen sind, dass man das System verlässt und die Lösung in einem höheren, übergeordneten System sucht.

Auch die Mathematiker mussten die prinzipielle Vorläufigkeit ihrer Erkenntnisse schweren Herzens akzeptieren, und der Mathematiker Gödel war es, der damit eigentlich eine Warnung vor der vermeintlichen Allmacht der Mathematik ausgesprochen hat.

Bis heute verhallte diese Warnung ungehört in der weitläufigen irdischen Wissenschaftslandschaft. Die poetische Tradition forscht unbeirrt weiter nach Anfang und Ende des Universums, beweist dessen Endlichkeit und operiert im Rahmen jener uralten Vorstellung, als handele es sich dabei um ein überschaubares Labor-Objekt, dessen Eigenschaften zu erforschen lediglich eine Frage von Fleiß, Ressourcen und Logik sei. Im Grunde sucht man nach einer mathematischen Struktur, die endgültig und abschließend das Universum in seiner Entwicklung und Struktur beschreibt.

Dass solche Herangehensweise heuristischen Charakter haben kann, ist unbestritten, doch das geradezu blinde Vertrauen in mathematische Strukturen verkennt, dass auch diese nicht starr und verlässlich auf jedes physikalische Phänomen anwendbar sind.

Der klassische Physiker hat selbstverständlich lineare Funktionen benutzt, wenn er z.B. den Zusammenhang zwischen Temperaturänderung und Volumenänderung eines Körpers darstellen wollte.
Doch niemals wäre er auf die Idee gekommen, der mathematischen Struktur absolut zu vertrauen und die Abweichung von der Linearität z.B. bei derAnomalie des Wassers mit Hilfshypothesen zu entschuldigen, etwa: „Temperaturerhöhung zwischen 0 und 4 Grad Celsius führt deshalb bei Wasser zu Volumenverringerung (statt Vergrößerung), weil da eine Umwandlung von Wärme in Dunkle Energie stattfindet."
Der klassische Physiker sucht mühselig die Ursachen eines Phänomens in den Körpern selbst und bringt das Ergebnis in eine mathematische Form. Der theoretische Physiker wählt bzw. erfindet eine über alle Zweifel erhabene mathematische Struktur und stopft

nun gnadenlos die Beobachtungstatsachen hinein. Was nicht passt, wird zurechtgebogen, beschnitten oder einfach unter den Teppich gekehrt.
Ein flüchtiger Blick unter diesen berühmten Teppich zeigt, wie viel Kehricht allein die unpassenden Urknall-Abfälle erzeugt haben.

Zur Beseitigung solch gefährlichen Sondermülls hält sich die irdische Gesellschaft offenbar hochintelligente Spezialisten, die allein dafür bezahlt werden, widersprechende Beobachtungstatsachen mithilfe eigens erfundener säureartiger Theorien in Nichts aufzulösen.
Die Multiversumstheorie erscheint uns als ein Musterbeispiel, wie die unauffindbare Dunkle Materie bzw. Dunkle Energie (und damit die Urknalltheorie mit ihren ungelösten Fragen) doch noch gerettet werden soll, ohne dass sich Physiker bzw. Astronomen ernsthaft um neue Experimente bzw. modernere Teleskope bemühen müssten:
*Physiker ergründen momentan, was zusätzliche Dimensionen für die Kosmologie bedeuten könnten. Vielleicht finden wir etwas über Dunkle Materie heraus, die auf anderen Branen **versteckt** ist, oder über*

*kosmische Energie, die in **verborgenen** höherdimensionalen Objekten gespeichert ist.*
... Leben wir in einem multidimensionalen Universum?
(Lisa Randall, Verborgene Universen,
Eine Reise in den extradimensionalen Raum,
Fischer 2005)

Die Frage stellen heißt die Frage beantworten: Ja, wir leben in einem Multiversum, und mit der Akzeptanz solcher rein willkürlichen Weltbeschreibung haben wir scheinbar die Generallösung sämtlicher alten und künftigen Probleme vor uns:
Alles, was wir nicht verstehen bzw. wozu uns die Beobachtungsdaten fehlen, spielt sich in einer anderen Dimension bzw. in einem Paralleluniversum ab.

Man muss in der irdischen Wissenschaftsgeschichte nicht sehr weit zurückgehen, um ähnliche Ansätze der Weltbeschreibung mit versteckten, der physikalischen Forschung unzugänglichen Räumen zu finden. Als im 19. Jahrhundert mathematische Strukturen mit mehr als drei Eigenschaften beschrieben werden sollten, und als man das Wort „Eigenschaften" unglücklicherweise durch das Wort „Raum" ersetzte und fortan z.B. vom vierdimensionalen Raum die Rede war, nahmen dies renommierte Wissenschaftler wie der Begründer der Astrophysik Karl Friedrich Zöllner zum Anlass, um aus dem Gleichklang der Worte „Raum" in Physik und Mathematik auch deren begriffliche Identität vorauszusetzen.

Dabei sind mathematische Räume gänzlich eigenständig definiert und haben mit dem Raumbegriff der Physik nur insofern zu tun, als dass letzterer am bequemsten durch drei Zahlen beschreibbar ist und damit auch „dreidimensional" genannt wird. Von einem abstrakten vierdimensionalen Raum der Mathematik sogleich auf die Existenz eines realen vierdimensionalen Raumes der Physik zu schließen, der uns zwar nicht zugänglich ist, gleichwohl aber seine physikalischen Wirkungen spüren lassen kann, lieferte ein willkommenes Erklärungsmuster für unsichtbare Geisterreiche und poetische Phantasieräume jeder erdenklichen Art.

Wir haben von einem andern Stern mit ansehen müssen, wie auch hier wieder eine oszillierende Erkenntnismethode, die zwischen mathematischen und physikalischen Räumen so schnell hin- und herspringt, dass der Eindruck der Identität entsteht, zur heillosen Verwirrung in der Physik maßgeblich beitrug.

Als Zöllner schließlich anfing, die vermutete vierte Dimension des physikalischen Raumes zu erforschen und Fußabdrücke von Geistern als Beweis für dessen Existenz vorlegte, erklärte ihn Helmholtz nur noch für verrückt und verhinderte dessen Ernennung zum Gründungsdirektor der Potsdamer Sternwarte.

Verwundert nehmen wir heute zur Kenntnis, dass nur etwa ein Jahrhundert später es geradezu zur Pflicht eines aufstrebenden Physikers gehört, für die Akzeptanz höherdimensionaler physikalischer Räume und der Multiversumstheorie zu kämpfen. Wer dann auch noch so hinreißend spannende Bücher über verborgene Universen schreiben kann und sogar „Eine Reise in den extradimensionalen Raum" anbietet, erfährt höchstes Wohlwollen selbst vom Präsidenten der Royal Society:

Lisa Randall zählt zu den führenden Theoretikern der Kosmologie.

Aber auch führende Theoretiker, die sich der kompliziertesten Mathematik bedienen, müssen ihre Höhenflüge in extradimensio-

nale Räume von einer Basis starten, die von der Wissenschaftlergemeinde in Form allgemeiner Konventionen anerkannt ist. Das logische Schließen geht aus von Erfahrungsinhalten, die als evident gelten und keiner tieferen Analyse zugänglich sind:
„Durch zwei Punkte des Raumes geht stets eine und nur eine Gerade" ist eine solch allgemein akzeptierte und für wahr angenommene Konvention, die als Axiom der euklidischen Geometrie eine sichere, nicht weiter hinterfragte Basis liefert. Auch dass die Zahl derartiger Axiome auf ein Minimum begrenzt bleiben muss und nicht der Willkür des „freien Geistes" ausgesetzt sein kann, zählte lange Zeit zu den Konventionen und Erfolgsgarantien irdischer Wissenschaftskultur.

Die Revolution der irdischen Physik begann mit der stillen Abschaffung des Axiombegriffs *älterer Interpretation* und dessen Ersetzung durch einen Axiombegriff *neuerer Interpretation*:

Diese **Axiome sind freie Schöpfungen des menschlichen Geistes**. *Alle anderen geometrischen Sätze sind logische Folgerungen aus den Axiomen.*
(Einstein, Geometrie und Erfahrung)

Mit dieser radikalen Abkehr von Jahrtausende alten Konventionen waren dann auch die Schleusen geöffnet für eine Flut immer neuer „freier Schöpfungen des menschlichen Geistes".
Dabei handelte es sich im Prinzip um hausgemachte Axiome, auf denen sich jede beliebige Theorie logisch korrekt aufbauen ließ. Die Relativitätstheorie wäre eine Fußnote der Physikgeschichte geblieben, wenn dieser Wandel des Axiombegriffs bemerkt und in seiner ganzen Tragweite von Anfang an begriffen worden wäre.

Im Grunde stoßen wir auch hier wieder auf eine oszillierende Erkenntnismethode, die zwischen älterer und neuerer Interpretation des Axiombegriffs bedenkenlos pendelt, so dass die Unterschiede verschwimmen und der Eindruck entsteht, auch die verrücktesten Theorien hätten ihre seriöse Daseinsberechtigung – ganz einfach weil man noch dem uralten Begriff des Axioms als allgemein akzeptierter Konvention vertraut. Dabei ist aus der Konvention längst Konkurrenz geworden, weil derjenige, der die abwegigsten Axiome seiner Theorie zu Grunde legt, auch zu den spektakulärsten

Folgerungen gelangt und damit natürlich die Herzen eines Massenpublikums im Sturm erobern kann.

E*s unterstehe sich ein jeder, Axiome zu kreieren!* war das geflügelte Wort eines ehrwürdigen Physikprofessors, der damit gegen die philosophische Mode der sogenannten impliziten Definitionen („Axiome neuerer Interpretation") wetterte, deren Formulierung jedem nach Belieben freigestellt sein sollte. Der Erfinder und Propagandist dieser neuen Art von Axiomen war der Physiker und Philosoph Moritz Schlick. Dieser war als Doktorand Max Plancks und als enger Vertrauter Einsteins ganz sicher deren Einflüssen ausgesetzt, aber umgekehrt trug die Schlick'sche Philosophie auch zur Etablierung der Relativitätstheorie wesentlich bei. Denn Einstein hatte mit dem selbstbewusst vorgetragenen Axiom von der Konstanz der Lichtgeschwindigkeit jenen Konsens aufgekündigt, der die Geschwindigkeit als vektorielle Größe ansah und somit auch die Vektoraddition zweier beliebiger Geschwindigkeiten erlaubte. Für die Bewegung von Licht sollte nun die Vektorrechnung nicht mehr gelten.

Eine solch „revolutionäre" Umwälzung mit weitreichenden Folgen für die Physik basierte u. a. auf dem Argument, dass die Lichtgeschwindigkeit allein mit Hilfe zweier Konstanten (der elektrischen und der magnetischen Feldkonstanten) ableitbar sei und folglich unter allen Umständen immer denselben Wert ergeben müsse.

Von einem andern Stern sehen wir das Problem wieder in einer oszillierenden Erkenntnismethode, die diesmal zwischen zwei unterschiedlichen Bedeutungen des Begriffes „Lichtgeschwindigkeit" hin- und herpendelt: Einmal handelt es sich um die vektorielle Größe Weg pro Zeit, der also eine Richtung zugeordnet ist, im anderen Falle handelt es sich um die Verknüpfung zweier skalarer Feldkonstanten, die also wieder nur eine skalare, das heißt richtungslose Konstante ergeben kann. Die Gleichbehandlung dieser gleichnamigen aber so wesensverschiedenen Begriffe „Lichtgeschwindigkeit" muss natürlich zu den bekannten Verwirrungen führen, worauf man aber in eurer Zivilisation bis heute noch sehr stolz zu sein scheint: Welche kosmische Zivilisation hat schon ein solches Faszinosum wie das berühmte Zwillingsparadoxon aufzuweisen...

Die heute führenden Theoretiker der irdischen Kosmologie hingegen, die Paralleluniversen als Versteck für alle möglichen unerklärlichen Phänomene plausibel machen wollen, sehen eine verlässliche und allgemein akzeptierte Basis für ihre weitreichenden Spekulationen im Dimensionsbegriff.
Deshalb wird anfänglich die größte Sorgfalt auf die Vermittlung eines Axioms gelegt, das nicht mehr zwischen der Bedeutung einer Dimension im physikalischen und im mathematischen Zusammenhang unterscheidet.

Wir wissen, dass die Zahl der Dimensionen definiert ist als die Zahl der Größen, die man braucht, um einen bestimmten Punkt im **Raum** *festzulegen.* (Lisa Randall)

Einem solch harmlos klingenden Satz sind wir spontan geneigt vorbehaltlos zuzustimmen, doch tun wir es, sind wir einen Kontrakt mit unabsehbaren Folgen eingegangen, und irgendwann wird uns die Rechnung in Form abstrusester Schlussfolgerungen präsentiert:

Wer aus der Zeitmaschine austritt, betritt ein anderes Universum...

Dort können sie verursachen, was sie wollen – es wird nicht das Universum sein, aus dem sie stammen. ... Nehmen sie an, sie töten den Großvater nicht; dann wird er einen Sohn zeugen, der wiederum ein Kind zeugt. Und sie werden dieses Kind – ihr jüngeres Selbst – treffen. Es wird zwei Kopien von ihnen geben. ...
(David Deutsch, Spiegel 11/05)

Wenn derartige Phantasien dann auch noch vom Astronomer Royals abgesegnet werden *(Zeitreisen sind möglich!)* und damit den Status offiziell anerkannter Wahrheit erlangen, sind sie auch bald als hochwillkommene Sensationen in den Medien präsent. Von dort ist es nur noch ein kleiner Schritt in die irdischen Lehrbücher.

Wo liegt die Ursache für die logisch korrekte Herleitung solcher Abstrusität?
Wenn wir zustimmen, dass Dimensionen definiert sind als Anzahl der Größen, die einen Punkt im **Raum** festlegen, so stellen wir uns gewöhnlich den uns vertrauten physikalischen Raum vor, der als Voraussetzung für jegliche kosmische Existenz erscheint. Zur Orientierung in diesem physikalischen Raum lassen sich verschiedene

Methoden verwenden, aber allgemein durchgesetzt hat sich die Markierung eines Raumpunktes (im physikalischen Sinn) durch drei Zahlen. Man sagt dann auch, der uns vertraute physikalische Raum ist durch drei Dimensionen beschreibbar.

Die Konfusion beginnt, wenn statt drei nur zwei Dimensionen benötigt werden, zum Beispiel um die Lage eines Punktes in der Ebene festzulegen. Mit der Reduzierung des physikalischen Raumes auf eine Ebene findet ein mathematischer Abstraktionsvorgang statt, der zwar seine Berechtigung in vereinfachter Darstellung haben mag, aber die zweidimensionale Ebene repräsentiert keinen physikalischen Raum mehr:
Kein realer Körper bzw. kein reales physikalisches Phänomen lässt sich dort beobachten, bestenfalls Projektionen bzw. Abstraktionen. Entsprechendes gilt für höherdimensionale Räume. Natürlich lassen sich vier-, fünf- bzw. allgemein n-dimensionale Räume mathematisch-abstrakt beschreiben, aber derartige Abstraktionen sind nicht wesensverwandt mit dem einzigen physikalischen Raum, der für den Ablauf und die Beschreibung von Naturereignissen Voraussetzung ist.

Erst wenn dieser physikalische Raumbegriff wesensgleich wie der völlig anders definierte mathematische Raumbegriff behandelt wird, kann man scheinbar korrekt schließen, dass es doch zu jeder beliebigen mathematischen Raumdimension auch ein physikalisches Äquivalent geben müsse und daraus die spektakulärsten Schlüsse ziehen: Wir leben in einem Multiversum mit unendlich vielen Parallelwelten! Mathematisch exakt bewiesen!

Es gehört dabei längst auch zu den irdischen Erkenntnissen,

dass der etwas verschwommene Begriff der Dimension viele mathematische Seiten hat, die nicht nur begrifflich verschieden sind, sondern auch zu verschiedenen Zahlenwerten führen können. ...
Genaugenommen müssten alle physikalischen Objekte durch dreidimensionale Formen repräsentiert werden. *Die Physiker ziehen es jedoch vor, sich einen Schleier, einen Faden oder eine Kugel – wenn sie nur fein genug sind – als „effektiv" von der Dimension 0, 1 bzw. 2 zu denken. Die effektive Dimension hat unvermeidlich eine subjektive Grundlage.*

Sie ist eine Sache der Approximation und deshalb des Auflösungsgrades.
(Mandelbrot, Die fraktale Geometrie der Natur, Berlin 1987)

Wieder einmal sehen wir, wie das Pendeln zwischen mehreren Bedeutungen desselben Wortes „Dimension" (und damit zwischen wesensfremden Begriffen) eine wie Wissenschaft aussehende Illusion erzeugen kann, die ohne größeren Widerstand sogleich Eingang ins irdische Allgemeinwissen findet.
Vom außerirdischen Standpunkt sehen wir mit wachsendem Erstaunen, welche Eigendynamik diese oszillierende Erkenntnismethode entwickelt, und mit welcher Dreistigkeit sie sämtliche Erkenntnisräume überflutet, ohne ernsthaften Widerstand befürchten zu müssen.

Die Zahl exakt beweisbarer Theorien über den Kosmos hat inzwischen inflationäre Ausmaße erreicht, obwohl doch jede einzelne den Anspruch erhebt, die alleinige Weltformel zu liefern.
Man fühlt sich an Zeiten des Polytheismus mit seiner Göttervielfalt erinnert und beobachtet gleichzeitig die Bemühungen um eine

Hinwendung zum Monotheismus in Form der Urknalltheorie als „physikalischer Version der Schöpfungsgeschichte".

Doch selbst dieses so einprägsame poetische Bild einer Urexplosion als Weltenanfang hat mittlerweile solch einander ausschließende „Weiterentwicklungen" erfahren, dass es dem Geschmack des Publikums überlassen bleibt, ob es eher einer Schöpfung aus dem Nichts oder vielleicht doch eher einer Schöpfung aus dem Chaos zuneigt.

Allein Stephan Hawkins hat inzwischen mehrere Urknallversionen ersonnen, wobei die neueste und modernste dem Leser eine rückwärts laufende Zeit vor dem Urknall zumutet – mathematisch streng bewiesen.

Als der Mathematiklehrer Albert Einstein seine Relativitätstheorie zur Veröffentlichung einreichte, sprach er noch von einer „mathematischen Spekulation". Seither hat sein Beispiel Schule gemacht, und die irdische Welt der Physik und Kosmologie ist zum Tummelplatz für Spekulanten geworden und versinkt in Beliebigkeit.

Von einem anderen Stern lässt sich allerdings schwer nachvollziehen, warum die so hochintelligente irdische Zivilisation mit ihren Armeen von Philosophen, Physikern und Astronomen derart poetisches Denken auf der Basis einer oszillierenden Erkenntnismethode noch immer nicht durchschaut haben will und vielmehr alles unternimmt, um den Kultstatus solch merkwürdiger Theorien zu stärken.

Von einem andern Stern ist auch nicht zu übersehen, wie die gesamte Infrastruktur der weltanschaulich relevanten Forschungsrichtungen so wohltemperiert auf poetische Bedürfnisse ausgerichtet ist, dass jede absurde mathematische Spitzfindigkeit eines Stellung suchenden Theoretikers sogleich höchste Wertschätzung erfährt, wenn sie nur recht ins (Welt-) Bild passt.
Für die am Schreibtisch ausgedachte Inflations-Idee, das Universum sei kurz nach dem Urknall in Sekundenbruchteilen mit Überlichtgeschwindigkeit von Mikrogröße auf riesige Dimensionen expandiert, erhielt Alan Guth einen Professorentitel und weltweite Beachtung. Für die Veröffentlichung seiner fundierten langjährigen Beobachtungsergebnisse (in: Seeing red, Montreal 1998), die beinahe jeder Behauptung der Urknall-Theorie widersprechen, erhielt Halton Arp – eisiges Schweigen und faktisch Berufsverbot.

Der Nutzen einer schlechten Theorie liegt immerhin darin, dass sie uns als gutes Beispiel dienen kann, wie man Wissenschaft *nicht* betreiben darf.

Eure abenteuerliche Urknall-Kosmologie zeigt in kristallklarer Reinheit, welch immer gewagtere Behauptungen notwendig werden, wenn sich alle Forschungsaktivitäten nur innerhalb eines fest eingezäunten (geistigen) Spielplatzes abspielen dürfen und die Spielregeln auch noch von einem Ober-Poeten ein für allemal festgelegt wurden:

„*... von jenem am **Uranfang** stehenden Fiat lux, **als die Materie ins Dasein trat** und ein Meer von Licht und Strahlung aus ihr hervortrat, ... Die Erschaffung also in der Zeit; und deshalb ein Schöpfer; und folglich ein Gott. **Das ist die Kunde, die Wir, ... von der Wissenschaft verlangten** und welche die heutige Menschheit von ihr erwartet.*"
(Papst Pius XII. am 23.11.1951 vor der Päpstlichen Akademie der Wissenschaften)

Mit welcher Disziplin dieses poetische Verlangen nach einer Urknall-Erforschung ausgeführt wurde (zuweilen gegen die elementarsten Regeln der Naturwissenschaft)

verweist auf die Stellung der Wissenschaft in der irdischen Gesellschaft.
Der Physiker und Philosoph C. F. von Weizsäcker bemerkte einmal, dass eine Gesellschaft, die meint, den Anfang der Welt mit einem Knall erklären zu können, mehr über sich und weniger über die Welt aussagt.

Und genau an diesem Punkt scheint eure Zivilisation angekommen: Einerseits hat sich die Gesellschaft komfortabel in einer festgefügten archaischen Struktur eingerichtet und hält mit allen Kräften an tradierten Ritualen und Denkweisen fest, andererseits muss sie um den Preis ihrer Existenz den wissenschaftlichen Fortschritt befördern. Wenn dabei Erkenntnisse zutage treten, die der tradierten Denkweise widersprechen, so gibt es zwei Möglichkeiten: Entweder macht die Gesellschaft von ihren Kontroll- und Regulierungsmöglichkeiten Gebrauch und lenkt die Forschung behutsam in die „richtigen", das heißt tradierten Bahnen, oder sie akzeptiert ohne Wenn und Aber die abweichenden Erkenntnisse und passt die tradierte Denkweise behutsam an bzw. ersetzt sie durch eine modernere - im Interesse des Fortbestandes der eigenen Existenz.

Im Selbstverständnis der irdischen Gesellschaft wurde die Urknallphantasie für einen guten Zweck inszeniert (Bewahrung einer Tradition), und Jubelveranstaltungen wie das weltweit gefeierte Jahr der Astronomie 2009 sollen wohl letzte Zweifler verstummen lassen. Doch die Evolution auch der geistigen Strukturen nimmt in jeder Zivilisation ihren stillen Fortgang und bleibt nicht ewig bei Dogmen stehen.

Wenn wir von einem andern Stern auch nicht eure Urknallpoesie als Wissenschaft akzeptieren können, so gehört das Phänomen für alle kosmischen Zivilisationen zu den interessantesten Forschungsfeldern hinsichtlich der Frage, wie weit seriöse Forschung getrieben werden kann, die auf unwissenschaftlichen, poetisch motivierten Grundthesen beruht:

Die Kosmologische Singularität [Urknall] ist der jüdisch-christliche Gott.

(Frank Tipler, Die Physik des Christentums, München 2008)

Mit dieser Gleichsetzung von Urknall und Gott ist gewissermaßen der Schlussstein in einem Gedankengebäude gesetzt, an dem so viele irdische Baumeister nach den Plänen

ihrer Auftraggeber Jahrhunderte lang gebaut haben.
Nach alter Sitte soll nun dieses Ereignis weltweit fröhlich gefeiert werden, und wir entbieten anlässlich des Jahres der Astronomie unseren außerirdischen Gruß.
Ihr solltet euch aber im klaren sein, dass derartige Regional-Physik je nach Weltlage durch jede andere Regionalphysik ersetzt werden könnte und deshalb keinerlei Anspruch auf Allgemeingültigkeit haben kann.

Unsere versöhnliche Botschaft lautet unmissverständlich:
Die Einführung und Perfektionierung jener oszillierenden Erkenntnismethode, die nunmehr ihren umsichtig vorbereiteten Höhepunkt in einer Anwendung auf Physik und Metaphysik findet, ebnet faktisch die in Jahrtausenden so mühsam herausgearbeiteten prinzipiellen Unterschiede wieder ein: Irdische Physik und Metaphysik sind wieder ununterscheidbar geworden.
Doch die Perfektionierung einer Methode geht immer mit der Aufdeckung ihrer Grenzen einher. Viele Indizien sprechen dafür, dass diese Grenzen längst überschritten sind und die Zeit reif ist für einen Wechsel eurer Erkenntnismethoden.

All jene, die im Sinne eurer Aufklärungstradition diesen Paradigmenwechsel mitgestalten wollen, werden auf unüberwindlich scheinende Hindernisse stoßen.

Aber all jene, die heute noch aus tiefer Überzeugung eine Versöhnung der poetischen mit der wissenschaftlichen Tradition anstreben, seien daran erinnert:

Basis jeder Harmonie sind unabhängige Partner, die einander als gleichberechtigt respektieren. Eine Autorität, die das Wesen des Partners geringschätzt, indem es ihn trickreich zu manipulieren versucht, kann das erstrebte Ziel nicht erreichen.

Mit der „Urknallkosmologie als physikalischer Version der Schöpfungsgeschichte" ist das traurige Ergebnis einer Zwangsheirat zu besichtigen: Physik und Metaphysik scheinen harmonisch vereint, aber ein Partner musste dafür seine Identität weitgehend preisgeben.

Versöhnung findet (wenn überhaupt) auf ganz anderer Ebene statt.

Ihr habt noch einen beschwerlichen Weg vor euch. Viel Glück auf diesem Weg.
Wir beobachten euch weiter.

www.ingramcontent.com/pod-product-compliance
Lightning Source LLC
Chambersburg PA
CBHW050021230526
45470CB00003B/1068